四大发明的古往今来

中国古代科技历史档案

指南针

张文杰 杨迎春 孙 扬◎编著

曾博文◎插图

上海交通大学出版社
SHANGHAI JIAO TONG UNIVERSITY PRESS

内容提要

　　本书从中国古代四大发明出发，以四个分册分述四个发明，每个发明从九个方面展开叙述，把中国古代四大科技发明故事化、演绎化、趣味化，并配漫画以图文并茂的形式展现。主要内容包括造纸术、印刷术、火药、指南针的发明历程与推广应用故事，以及后来的传播、技术改进、历史贡献及流传至今的技术创新等。本书读者对象为广大青少年学生及科普爱好者。

图书在版编目(CIP)数据

　　四大发明的古往今来.指南针/张文杰,杨迎春,
孙扬编著.—上海:上海交通大学出版社,2022.7(2023.12重印)
　　ISBN 978-7-313-26718-4

　　Ⅰ.①四… Ⅱ.①张…②杨…③孙… Ⅲ.①技术史
-中国-古代-青少年读物②指南针-技术史-中国-古
代-青少年读物　Ⅳ.①N092-49

　　中国版本图书馆 CIP 数据核字(2022)第 105218 号

四大发明的古往今来(指南针)
SI DA FAMING DE GUWANGJINLAI(ZHI NAN ZHEN)

编　　著:张文杰　杨迎春　孙　扬	
出版发行:上海交通大学出版社	地　　址:上海市番禺路 951 号
邮政编码:200030	电　　话:021-64071208
印　　制:上海景条印刷有限公司	经　　销:全国新华书店
开　　本:880mm×1230mm　1/32	总 印 张:11
总 字 数:147 千字	
版　　次:2022 年 7 月第 1 版	印　　次:2023 年 12 月第 2 次印刷
书　　号:ISBN 978-7-313-26718-4	
定　　价:68.00 元(共 4 册)	

序
Foreword

　　勤劳智慧的中华民族创造了灿烂的古代文明，曾是先进生产力与先进文化的代表，从汉、唐到宋、元、明、清，保持了 1000 余年的世界强国之位。然而在清朝后期，中华民族落伍了。当今时代，中华民族走上了伟大的复兴之路。追溯古代兴盛与文明，汲取创新源泉，具有重要的现实意义。

　　中国古代科技发明创造众多，其中四大发明无疑是最为璀璨耀眼的明珠，是祖先传给我们的最为宝贵的精神财富，是先进生产力和创新之源泉。

　　四大发明源于生产和生活，折射了古代劳动人民善于观察，勇于创造的精神。古人利用地球大磁体（地理的南极与北极分别为地磁体的北极 N 与南极 S）与小磁体之间异性磁极吸引、同性磁极排斥的特性，造出了静止时两个磁极指向南北方向的指南针，最早的指南针叫司南，产生于战国时期。发明于西汉初期，后经东汉蔡伦改进后的造纸术利用树皮、麻头、粗布、渔网等经过制浆处理得到植物纤维纸，史称"蔡侯纸"。蔡侯纸因材料经济易取，纸质光滑细腻，一经推广便盛传开来，是书写载体的伟大变革。火药的发明很有戏剧性，它是古代炼丹家在炼制长生不老仙药过程中因操作不慎而致的副产品，诞生于隋代，刚开始只是用于烟火杂技，北宋初开始用于军事。北宋的毕昇在唐代发明的雕版印刷术的基础上，反复研究实践，最终发明了活字印刷术，成为印刷史的伟大技术革命。

指南针

　　然而，中国四大发明的提出，却出自外国人，可见其影响之远。英国哲学家、实验科学的始祖弗兰西斯·培根曾说："印刷术、火药和指南针这三种发明将全世界事物的面貌和状态都改变了，从而产生了无数的变化：印刷术在文化，火药在军事，指南针在航海……历史上没有任何帝国、宗教或显赫人物能比这三大发明对人类的事物有更大的影响力。"这一说法后来得到了马克思的肯定，他评价说："火药、指南针、印刷术——

这是预告资产阶级社会到来的三大发明。火药把骑士阶层炸得粉碎，指南针打开了世界市场并建立了殖民地，而印刷术则变成了新教的工具，总的来说变成了科学复兴的手段，变成对精神发展创造必要前提的最强大的杠杆。"20世纪40年代，英国科学家李约瑟实地考察研究了中国科技史后，在火药、指南针、印刷术三大发明的基础上补上了"造纸术"，提出了中国古代"四大发明"的观点，自此广为流传至今。

四大发明及其在世界的传播，对于世界文明的发展起了巨大的推动作用，这是中华民族对世界做出的卓越贡献，是中国人引以为傲的科学成就，其中蕴涵的古人智慧与科学精神是滋养当代青少年成长成才的精神食粮，是激发创新思维的力量源泉，值得代代传承。

《四大发明的古往今来》一书突破常规的理论知识说明式的描写手法，通过创设古代劳动人民为解决当时生产生活难题而思考研究的故事情境，对四大发明进行了追根溯源，将造纸术、印刷术、火药、指南针的发明、发展、传播及影响演绎为故事，以新的视角回望中国古代发明，情节生动有趣，便于读者理解与识记。这

序

是一种创新写法,适合青少年的科学普及与科学精神教育。 因此,《四大发明的古往今来》是作为中小学生素质教育读本的不错选择。

当代青少年肩负实现中华民族伟大复兴之重任,了解中国古代科技文明,有助于激发民族自豪感,增强中华民族文化自信,积聚科技自主创新和自立自强之力量。正所谓——

中华复兴起宏图,自主自立自强书。

造纸有术源中土,活字印刷传经著。

火药意外成黩武,磁针指南新航路。

四大发明曾耀祖,熠熠光芒照今古。

指南针

中国科学院院士

2022 年 3 月

前言
Preface

　　编写一本反映我国古代科技文明的普及读物，是笔者一直以来的愿望。

　　"四大发明"是中国古代科技创新皇冠上耀眼的明珠。它发明于中国，发展了中国；它传播于世界，改变了世界。造纸术更新了记录模式，印刷术创新了书写历史，火药刷新了文明进程，指南针肇新了全球方位。因而，四大发明，它不只是一个个的小发明，也不只是对一个小的领域、小的方面的一些改进，而是一个个推动社会发展进步的大变革。

　　《四大发明的古往今来》每一分册开篇创设了以某原始部落三个家庭为主的故事主人公颛苍、以鸷、冀炼、青瑛子、峨枒与相关群体，演绎了他们的日常生活与团结协作，以及随着生活生产的发展，上古人在那个没有指南针、没有纸笔、没有印刷、没有烟花火药的年代，所面临的种种难题和他们想要改变现状的思考……

造纸术，是古人智慧生活的结晶。睿智的蔡伦，有着喜好钻研，以发明创造改善生产生活环境的优良品格，归纳诸多"造纸"民方民法，多方试验，终于以"蔡侯纸"的发明，让人们不再用刀刮骨刻石或在墙壁上涂抹。一张张轻纸，一本本薄卷，代替了洞窟石壁和汗牛竹简。

印刷术，是古人改善劳作的成就。有心的毕昇，专心于工作，用心于生活，在孩童们的摆家家玩乐中，想到了把雕版印刷中的"死"字变"活"，终于以"胶泥字"的发明，让人们不再有因刻坏了一个字而废掉一个整版的烦恼。一块胶泥，一版活字，使刻版印制变得简约。

火药，是古人无心插柳的收获。任谁也不会想到，火药的发明，不是军工专家的专利，而是江湖术士、悬壶医家的"杰"作。木炭、硫黄和芒硝，本为炼制长生不老丹，却不料成为黑火药。一撮火药，一支火箭，将千百年雄霸的冷兵器时代改变。

指南针，是古人劳动偶得的硕果。采玉人发现了磁石，掠宝人发现了磁石的指向性，司南、罗盘、指南针，成为指引人们行动方向的新发明，让人们不再因没有太阳、没有月亮、没有星星而路途迷茫。一枚磁针，一个方向，让天涯海角变得有边有沿。

这便是《四大发明的古往今来》逐篇逐章体现的历史知识、精彩故事和伟大显现。

本书对于每个发明都不仅讲古，而且叙今。从蔡伦造纸到当代低碳环保造纸，从毕昇的活字印刷到当代王选的激光照排，从火药武器到原子炸弹，从司南罗盘到北斗导航，无一不彰显"四大发明"饱含中国智慧和中国精神，更是古往今来始终产生价值，一直促进经济发展和文明进步的伟大发明。

四大发明是特定历史时期人们为生产生活所需而探索创造的产物，不仅有知识，更有方法与精神。本书通过故事演绎方式来讲述四大发明的历史进程及其对当今科学发展的影响，融知识性、历史性、辩证性、故事性、趣味性于一体，旨在使青少年在轻松阅读中学到知识、拓展思路、掌握方法，从而提高兴趣与科学素养，并树立自主、自强、自立的信念和决心。 希望本书能带给读者充满知识性、想象力和人文气息的科学之旅。

限于笔者的视野与知识水平，本书存在的不妥与疏漏之处，敬请广大读者朋友批评指正。

指
南
针

Contents

辨向识途

上古之人辨方向，

白天看日头，

晚上看月亮。

遇有阴雨不远行，

避免路迷茫。

星稠无月夜，

北斗导航。

指南针

上古时代，吾嘉部落的三十六洞居民过着日出而作、日落而息的日子。白天，他们或者各自忙碌，或者结伴而行，或到溪流捕鱼，或到野外狩猎，或到林间采摘野果。

日复一日，年复一年，吾嘉部落的人口逐年增长，食用消耗越来越多，部落周边方圆十多公里内的食物由于长年渔猎、采摘，已经出现供应不上部落居民生活日用的情形。于是，部落里的青壮年男人们便经常走到更远的地方去捕鱼、狩猎、采摘。

这天早上，日出东方，红彤彤的太阳映照着部落的石洞、草木，颛苍家的鸡正打鸣，以鸷家的狗在洞口撒欢，冀炼家的猪饿得哼哼直叫。孩子们吃了早饭，在洞外的空地上玩着丢石子抓兽骨的游戏，女人们忙着洗锅刷碗收拾洞屋，一切是那么恬淡自然。

部落的清晨，人人为我，我为人人。

　　而在颛苍家的石洞内聚集了十几个青壮年男人，他们摩拳擦掌，备好行装，正准备出发，去离洞较远的一个地方渔猎。 那是以鸷几天前外出狩猎时发现的一个新地方。 按照以鸷当时的判断，新地方是一片不小的森林，内有河流穿过，方位大概是在部落的东南方，需要行走大半天。 以鸷那天狩猎回来，就向颛苍、冀炼说了这个地方，同时以鸷根据经验说那里肯定有不少野物、河里也肯定有鱼，当然那么多草树，也一定有野果。 于是，颛苍、以鸷、冀炼召集部落青壮年男人们，决定组团进行一次远行渔猎。

　　好天气，精神爽，大家有说有笑向前进发。 这个说，我一定能抓几条大鱼，跟颛苍比比看谁抓的鱼多；那个说，我一定要打一个大家伙，最好打一头野猪，跟以鸷比比看谁的猎物大；还有人说，我要跟冀炼比赛摘果子，看看谁的手快。 大家有说有笑，虽然路途远，但也没觉得累。 过了晌午，又走了很长时间，大家才到达以鸷所说的树林。

　　还别说，这块原始的林地，真的是个宝藏。 能听得见鸟叫，看得见兽踪，树上有不同种类的果子，河里有鱼游来游去。 大家高兴极了，按着事先的分工，大家各自忙碌起来。

可是，或许他们走进这块原始森林触犯了神灵，又或者他们出发前忘记了好好敬一下天地，反正正当他们兴高采烈的时候，乌云很快笼罩了森林，紧接着几道闪电像利剑刺破天空，几声闷雷后，大雨便倾盆而下。 开始大家以为是雷阵雨，一会儿就下过去了，可是没承想，这雨却下起来没完，直到天黑也不停。而且糟糕的是，脚底下的水开始涨上来。 于是，人们开始恐慌了，赶紧互相召唤，打算聚在一起，然后结伴离开这里。 这时，他们发现了更糟糕的事情，他们迷失了方向，并且有两个脱离团队去找猎物的人不见了。 他们进来时是用心做了标记的，但都被大雨冲没了。 这可怎么办呢？

本来，他们对远行还是有一些经验的。 白日晴天时，他们以太阳为参照；夜晚明月或者繁星满天时，他们以星月为向导，所以他们近距离渔猎，从来没有找不到家的时候。 而现在，陌生树林里本来就不辨方向，再加上天黑大雨，根本不知道该怎么走，那两个

1
辨向识途

指南针

也许是今天出门忘记了祭神，部落的人
们在突如其来的暴风雨中迷失了方向。

脱离团队的人也始终没有消息。最后，经大家商量，不管哪个方向，大家挨在一起走，先找一个高一点的地方防止脚下的涨水，或者能找到个地方避雨就更好了。一经商定，大家便手拉着手，互相呼唤着名字，一起向前走去……

那雨整整下了两天两夜。这群人是在第三天天黑前回到部落的。他们狼狈不堪地互相搀扶着走回来，还抬回来两个，一个被毒蛇咬伤一直昏迷不醒，而另一个早已溺水死了。这件事过了很久，大家都还在谈论，当时就是怎么也找不到方向，如果再连下一两天雨，后果将更加不堪设想，要是当时有个能指明方向的东西就好了，那样大家就可以定准方向，找到回家的路了。

1
辨
向
识
途

冲破迷雾

姬轩辕，有伟力。

败蚩尤，称黄帝。

尊人文初祖。

蚩尤术，泼浓雾。

指南车，不迷途。

决胜在涿鹿。

指南针

　　上古时代，是个谜一样的神话时代，它不止有颛苍、以鸷、冀炼们恬淡自然生活的吾嘉部落，还有各具特色的大大小小的部落，散布在华夏的山林大地。

　　大约在公元前 2000 年，在华夏的东南部有个部落，它的首领名叫姬轩辕。在姬轩辕部落的西北面还有两个部落，分别是神农部落和九黎部落。当时，这三个是华夏最强大的部落。以大欺小、弱肉强食，是生物界的天性，上古时期的部落也一样。为了争占资源，部落间经常争战不断。

　　姬轩辕是个非常聪明能干的人物，传说他擅长发明创造，发明了很多对人们有用的东西。他上知天文、下晓地理，还懂医术，中国最早的历法就是他推算制定的。在聪明的首领带领下，在生活中大量应用他的发明，姬轩辕的部落逐渐壮大起来。姬轩辕部落强大了，周边的小部落要么自动来臣服，要么被打败投降，于是，姬轩辕的部落不断扩大，最后扩张到与同样强大的神农和九黎部落分庭抗礼的程度。

有道是一山不容二虎，何况是三个都极具野心的强大部落。他们调兵遣将，摆开架式，准备着生死搏斗。

让姬轩辕最为担心的是，如果其他两个部落同时进攻，那么将两面受敌，而以他的部落实力，抵抗一个部落尚且需要竭尽全力，更何况是两个部落同时来攻。于是，姬轩辕采取了先发制人、各个击破的策略。他不待九黎部落有反应，便首先突袭了神农部落，与神农部落在一个叫阪泉的地方展开决战，将神农部落完全击溃，俘虏了神农部落的所有人口、牲畜，占领了神农部落领地，再一次壮大了自己的力量。

紧接着，姬轩辕便与九黎部落开始了你死我活的战争。九黎部落素来强悍善战，酋长名叫蚩尤。蚩尤有九个儿子，都有万夫不当之勇，因此，附近的部落都成为九黎部落的臣属。

❷冲破迷雾

打架吗？ 不要命的那种！

由于双方实力都比较强大，两军你来我往，战事胶着，今天你胜，明天我胜，足足打了三年，对阵七十二次，也没能分出个输赢胜败来。在双方百般运筹下，最后的决战在一个叫涿鹿的地方展开了。这场被后来的历史学家称为最早和最有名的大战，同样持续了很长时间。两军各派精兵强将，各施法术神技，只想把对方尽快置于死地。

传说蚩尤请来风神雨神助阵，阵前便立刻风雨大作，风如拔山怒，雨如决河倾。大地上很快洪水泛滥，滔天夺命，灾难袭向姬轩辕的军队和部落。姬轩辕不甘示弱，立即施展法术，向女神旱魃求援。旱魃恰是雨神的克星，她所到之处，任何雨水一滴都不会存在，而且她所过之处，往往赤地千里、大旱三年，所有生物都会干渴而死。旱魃一出现，风神雨神便马上逃之夭夭了。姬轩辕立即挥师而上，九黎部落大败。这一回合，姬轩辕部落胜了。

蚩尤不甘心失败，他又施法术，释放出滚滚浓雾，几日不散，将姬轩辕军队团团困陷在迷雾中。姬轩辕部落的兵士迷失了方向，左冲右突找不到出路，

2
冲破迷雾

人踩马踏，死伤不计其数。姬轩辕一时找不到破解之法，万分着急，找来众臣商议对策。大臣中有个叫风后的，是个擅长发明制造的能工巧匠。他对姬轩辕说："臣曾制造一物，不论如何拨弄，这个物件总是指向一个方向——南方，如果我们制造一批战车，在车上安装上这个物件，那么即使在迷雾中，我们的兵士也能分辨出东南西北了；方向明确了，就可以遇路走路，遇桥过桥，遇敌杀敌。"姬轩辕立刻命令在所有军队中装配了"指南车"，重新排兵布阵，按不同方向向蚩尤发起最后的进攻。结果九黎部落全军覆没，蚩尤在战争中也被杀死了。

姬轩辕凭借指南车的特殊功能，获得了最终胜利，统一了华夏，成为所有部落的首领。各部落酋长深知姬轩辕的实力，也感动于他爱戴人民的风范，便拥护他为"天子"，尊称他为"黄帝"。而指南车，与黄帝战蚩尤的神话，率先载入了中国最早发明指南工具的世界史册。

黄帝利用指南车打败了蚩尤，指南车于是成为黄

"风后"为轩辕部落造了指南车，在迷雾中为部落指明了方向。

帝之后历代君王特别注重的神器宝物，作为古代帝王的仪仗车辆，行进在中国古代的帝都皇宫，宣示着某种精神与力量。

3

吸铁有方

采玉人，三件套，锤子镢头和铁刀。

入深山，寻奇石，谁料失刀只剩鞘。

返回头，把刀找，竟在石壁被吸牢。

反复试，石吸刀，原来磁石就是宝。

指南针

指南车的出现，曾经很是风靡，几个朝代的人们都以能拥有指南车为荣，皇室帝王家更是在祭祀、集会、出行时都要将指南车摆在显眼的位置，以显荣耀。有时，帝王还会将指南车作为礼物，赠送给来朝拜的偏远小邦、部落，以示恩泽。

话说时光到了春秋战国时代，群雄并立，各国互相明争暗斗，扩展疆土，强壮本国。当时，除了人们公认的秦、齐、楚、魏、燕、赵、韩七国之外，还有其他不少或强或弱国家并立，其中有个国家叫郑。郑国物产丰富，最知名的产物是玉。

采玉，是一件很辛苦的事情，弄不好有时还会把采玉人的命搭上。为什么呢？原来，玉都在深山里，越是上等的好玉，其所在之处越是人迹罕至。常有采玉人因为走得太远而迷失方向，最终或者被野兽侵袭而死，或者因恶劣天气而亡，最令人痛惜的是因迷路而被活活渴死饿死。因此，出发前，采玉人家里必隆重饯行，做好安排，因为这一去，采玉人与亲人乡邻，或许就是生离死别。

这一天，一位采玉人正在翻山越岭找玉石，忽然，他发现原本挂在自己腰间的铁刀不见了。这可不行，采玉三件宝，锤子、镢头和铁刀，锤子用来敲破石头看是不是玉，镢头用来从土石里挖玉，而铁刀更有用了，防身开路都离不了它。现在铁刀不见了，采玉人一下子着急起来，赶忙循着刚才走过的路回去寻找。走了没多远，采玉人呆住了，他的刀贴在一块光滑石壁上。更让他吃惊的是，铁刀在石壁上粘得很牢，得用很大劲才能拔下来。采玉人大为惊奇，他赶忙试了几次。铁刀一靠近石壁，就啪的一声自动粘在石壁上了，而要拿下来，得使大力才行。采玉人高兴极了。要知道采玉人本来就是来寻找各种奇石宝玉的，现在这块能粘铁的石头，不正是他要找的宝物吗？于是他想方设法、费尽力气，连敲带打弄了几块这种石头回去。

❸ 吸铁有方

采玉人无意中发现了另一个宝藏——可以吸住铁器的磁石!

很快，采玉人采到奇怪石头的消息在邻里乡间传开了，人们争相来看石头、做试验。人们发现，那石头极具吸引力，于是联想到它很像慈祥的母亲吸引儿女一样，于是给它起名叫"慈石"。后来，人们想它毕竟是石头，就把"慈"改为"磁"，将这种石头称为磁石了。

发现磁石的消息也很快传到当地官府的耳朵里，官府官吏首先的反应不是石头有多奇怪，而是想到又有奇珍异宝可以献给上司请赏了。官府官吏派官差到采玉人家里取走了磁石，用金灿灿的铜盘托着，放在马车上送往上级衙门。在行走过程中，护送磁石的官差发现了一个奇特的现象：不论车辆怎么颠簸，还是拐弯转圈，那几块磁石尖角始终指向一个方向。这些人觉得这太不可思议了。于是拉着马车在原地转圈、转弯，磁石指向不变；几个人将铜盘端起来，向东南西北各个方向走来走去、转来转去，磁石指向还是不变。官府首脑这下更高兴了，原来以为它只会吸铁，没想到它还能指明方向，这几块石头就更是宝贝了。

从此，"磁石能吸铁，磁石具有指向性"的消息便

"不仅可以吸铁，还有指方向的莫名神力。 必须把
这宝物呈送给皇帝，从此定能高官得做骏马得骑。"

不胫而走。 当然，对这个消息最高兴的是郑国的采玉人，他们有了指向磁石，再也不担心在大山里找到宝贝却寻不到回家的路了。

磁勺司南

小小一柄勺，不把汤来舀。

转圈停下来，总指南方妙。

采玉人发现磁石，使用磁石导向采玉，大大减少了以往外出迷途的风险。但是有一个新问题又困扰了他们，那就是每次出门都要带着沉重的石头，虽然指方向不发愁了，但沉重的石头成了负担，实在有些不方便。怎么才能将石头变小，或者有什么东西能代替磁石，方便携带呢?

不怕做不到，就怕想不到。有了让磁石变轻巧的想法，就有人琢磨改造磁石。有人将磁石敲碎，找细小的磁石加工处理。这时，又有人有了一个新的发现，磁石不论怎么敲碎，每一块磁石，不论大的，还是小的，或者是敲碎后又互相吸引粘在一起形成一个新的，总是指着两个方向：南方和北方。可不管怎样，它还是有棱有角，黑不溜秋的石块呀，怎么才能使石块变个身，制成人们熟知的样子，又不改变它的

指南鞋，指南枪，指南勺……谁说脑洞大开是现代人的专属？

性能呢？ 于是，有人想到了吃饭用的勺子，如果将磁石做成勺子样，将指南的那端做成勺柄，不就是一件既好看，又实用的用具吗？ 这样岂不是一举两得？

只要有了样子，就难不倒那些采玉制玉人，他们可是精雕细琢的高手。 就这样，像勺子一样的指南工具做出来了，将其置于光滑的刻着方位的盘上，便于其转动。 因为是人为地将指南的那端做成勺柄，好像是命令勺子指南一样，于是人们就将能指南的勺子叫作"司南"。 司南是最早的导航仪器，在四川成都曾发现现存唯一的一件司南实物。

司南是什么时候制造出来的，我们现在不得而知。 据现有文献，战国末期的法家代表人韩非子在《韩非子·有度》中最早提到了司南："夫人臣之侵其主也，如地形焉，即渐以往，使人主失端，东西易面而不自知。 故先王立司南以端朝夕，故明主使其群臣不游意于法之外，不为惠于法之内。"这段文字其实与司南无关，只是借司南坚持指南之秉性，来映射臣子与国法朝纲的变化。 上述记载足以说明，在战国末期司南已经是人们常见之物，至少在朝廷庙堂之上，

司南登场，指南车下台。

已经有了司南。至于东汉时王充说"司南之杓，投之于地，其柢指南"，至少已是司南面世几百年后的再描述了。

司南的出现，代替了指南车。但是，司南的制造和使用，并没有像人们开始想象的那样简单。使用司南，还要配套制造一个光滑如镜的青铜底盘，要在底盘上铸上按照五行八卦和天干地支列成的方向刻纹，以保证司南被拨弄后停止转动时，勺柄所指方向与铜盘上的南方刻纹重合。

指南针

这套司南虽好，但有两个麻烦使人们又有了想要改造它的想法。一是制造成本太高。铜盘制作既费时且工时又过于昂贵，所以老百姓几乎没有谁来请玉匠制作司南，玉工也不想干，因为做出来卖不掉。二是应用缺陷太多。天然磁体不易找到，司南又不会自己转动指示方向，要靠手来拨弄；底盘必须放得非常平，在颠簸状况下，不能使用司南，否则指出来的方向根本不准；司南与底盘接触之处也要非常光滑，否则有摩擦有阻力也会使司南指向不准；司南在温度升高、受到机械打击或者腐蚀的情况下，磁性会减弱，指向也会越来越不准，就得制作新的司南替代；另外，司南携带也不方便，这些都让人们觉得司南使用起来过于麻烦。于是，司南又成了人们感觉虽好却不便使用的鸡肋式物件。

那么，怎么才能制造出一种既灵敏又实用且便宜的指南器具呢？于是有人又做起了新的尝试探索。

4
磁勺司南

5 针锋指南

缝衣针，绣花针，要数中国指南针。

小磁针，指南方，专一品性贵如金。

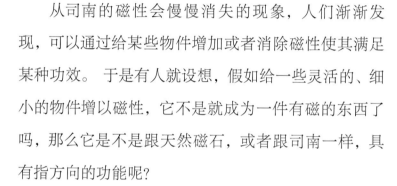

　　从司南的磁性会慢慢消失的现象，人们渐渐发现，可以通过给某些物件增加或者消除磁性使其满足某种功效。于是有人就设想，假如给一些灵活的、细小的物件增以磁性，它不是就成为一件有磁的东西了吗，那么它是不是跟天然磁石，或者跟司南一样，具有指方向的功能呢？

　　肯定的结论来自试验，加以磁性的物件，与天然磁石或者司南一样，可以指示方向。于是，试制出更加轻巧的指南器具，成了一些能工巧匠和发明人争相努力的目标。

　　宋朝，政治开明，科技发展，是中国历史上商品经济、文化教育、科学创新高度繁荣的时代。陈寅恪先生曾说："华夏民族之文化，历数千载之演进，造极于赵宋之世。"于是，印刷术、火药以及其他的科技发明与应用，大多在宋朝得以勃勃生发。 在创新发明的大好环境下，人们的发明热情空前高涨，指南鱼、指南龟、指南针便在人们的竞相发明中相继出现了。

将指南器物制造定位于鱼、龟、针，是人们将美好愿望寄于生活常见物的期待。 当然，人们首先想到的便是针。 如果能制作出一款磁针，那是再完美不过的了。 有人便想了种种办法来制作磁针，并想方设法使它达到最佳指南效果。

最早的尝试是悬针法：将一根纯铁的针磁化，使它具备磁石效应，然后在无风的环境中，用一根细线将磁针悬挂在底盘的上方，当磁针停止摆动或者转动时，就可以定向。

磁勺变成了磁针，大变成了小，粗变成了细，这是多么大的技术革新突破呀！ 人们为此欢呼不已。然后，有人很快发现，磁针与司南存在基本类似的问题，指向反应慢、指向不太准，并且不能在颠簸状况下使用。 悬磁针更大的问题是怕风。 制作成针的本意就是因为针的细小灵便，然而也正是它的太过灵便，经不住些小风力，成了它的致命之梗。

5
针锋指南

从一柄勺到一条鱼再到一只龟，没有做不到，只有想不到！

风里不行，水里呢？ 古人的聪慧在于对事物的持续不断体验和对提高事物实效的多维度思来想去。 古人想，针因细小经不得风，那么做大一点，让针变成鱼，并让它浮在水面上，一般小风是不是就不怕了？ 于是，经过思想、论证、研制、试验，腹部略下凹，形状像小船，被预先磁化的一条小鱼游弋在水面上了，当它停止时，鱼头直指南方。

指南鱼果然达到了人们预设的目的。 指南鱼的操作简易度以及本身的灵敏度，都大大超过了司南，而且制作指南鱼比制作司南简单省事多了，造价也便宜多了，很快成为百姓大众热传的"高科技"产品。 指南鱼的发明，将人类开始带入真正广泛使用指向仪器的时代。

在研制指南鱼的同时，人们一直没有放弃对指南针的研制。 当时，除了指南鱼，人们还以熟知的生活中常见物品制造指南器具，如指南龟、指南蝌蚪等。然而，人们始终认为没有比用一根针作为指南器具更好的选择了。 于是，对指南针的研制，成为当时"科研人员"的攻坚方向。

细巧的指南龟，指南鱼，古人的奇思
妙想，用水来规避风对仪器的影响。

研究人员先后进行了水面浮针（浮针法）、碗口置针（碗唇法）、指甲顶针（指爪法）的实验，结果要么由于水面晃动磁针不稳导致指向不准，要么由于重心难以把握而使针极易坠落不能正常使用，最终宣告失败。最后，研究人员又把视线转回到最早的用丝线悬针（缕悬法）上来。

经过再研究、再实验，研究人员发现，用普通天然磁石摩擦钢针，使针带磁后，磁针的磁性并不强，不能有效指南；而用磁铁对钢针充分磁化后，磁针便具有了非常显效的指南性。然后，研究人员又对悬针的丝线、针与线结头固定以及试验的环境进行了研究。最后，研究人员以新茧丝作为缚丝，用蜡封死针与线的结头，将这套丝线针挂在无风的环境中，结果磁针针锋稳稳地指向了南方。

这便是指南针！

但你知道吗？其实指南针并不完全指南，而是指向正南略偏东方向。我们知道，指南针是在地球磁场作用下，体现它的指南指北功能的。由磁极同性相斥、异性相吸的性质可知，地磁场的南北极与地理的

指
南
针

屡试浮针法、碗唇法、指爪法……不成，最终回归：缕悬法！

南北极正好相反。 研究发现，地磁南北极连线与地理南北极连线并不完全重合，两者存在一个夹角，称为地磁偏角。 所以指南针在地磁场作用下，其南北极连接直线便与地理两极的连接直线有了偏角，这便是我们常看到指南针为什么不指正南，而是略微偏东的缘故。

6

罗盘识南

罗盘是个盘，不盛佳肴盛司南，指向情有专。

罗盘不是盘，五行八卦是菜单，定位顺自然。

指南针发明之后不久，罗盘，一种新式的指南器具，成为人们的生活新宠。如果说，司南是指南针的前身，那么罗盘则是指南针的华丽变身。

罗盘一般有两种形式——水罗盘和旱罗盘。水罗盘是中国古代航船上用来确定方向的工具。它的构造如下：在一个中间凹陷、边上标有方向的盘子里盛满水，将磁针放在水面上自由旋转，静止时，磁针就会指示南北方向。郑和七下西洋，使用的就是水罗盘。旱罗盘与水罗盘的构造不同，它中间凹陷处立有一根中轴支柱，顶端安装磁针，没有水，是一种便携式罗盘。罗盘发明后，随着南宋、元朝与他国的海上贸易往来及陆上战争传到了欧洲。法国人在使用中，对中国旱罗盘进行了改良，将核心部件磁针、立柱等装入玻璃罩，使其得到更加有效的保护，携带也更加方便。 后来，改良后的旱罗盘又传回中国，逐渐代替了水罗盘，被广泛使用。

其实，早在汉代之前，古人就已经研制出了罗盘的雏形——能用来占卜问卦的司南罗盘。 当时人们对磁场已经有了一定的认识，并对地平方位进行了一定的划分： 北、东北、东、东南、南、西南、西、西北八个大方位。 于是在制造司南罗盘时，在底盘的中心圆周边标明了八大方位，并将五行八卦、天干地支等与方位对应，使司南罗盘同时具有了指向和卦象的功能。 卦象，是司南停止转动时，盘面上司南指向和文字的组合，古人通过对宇宙、社会、人生的经验总结，赋予各种不同组合以一定的含义，进而用它来判断方位、吉凶。 在古人看来"十分灵验"的司南罗盘，无异于指示生活、指导行动的神器，所以人们对它总怀着一种敬畏和神秘感。 指南针发明后，有人就想到用指南针替代司南，制造更加准确、便利的"罗盘"。

罗盘的发明，得益于人们对司南，以及对浮针法、碗唇法、指爪法、缕悬法指南针的反复研究和创

用罗盘看风水占卜吉凶，灵不灵不清楚，但在当时可称得上蛊惑界的"高新科技产品"。

新。 研制中，除了注重把握磁针的天然指向性，古人更多地融入了当时的思想意识制作底盘，如参照易经和河图洛书原理、天文变化象征等。 在中国古人的心目中，人与宇宙自然是一体的，人如果顺应宇宙自然，就会和谐顺畅，就能吉祥如意；人如果不顺应宇宙自然，就会不和谐不顺畅，就会凶劫难测。 古人经过多种组合、多次变形、多次试验，并且借助工业的发展进步，将匙变为针，于是，一款新型指南器具研制成功，其中央顶有一个小磁针，外周有几圈刻有文字和条线的同心圆环，整体形似圆盘，包罗天文星宿、四象八卦、阴阳五行、天干地支等信息，既能指示二十四向方位，又能预测吉凶福祸。 这便是罗盘。

罗盘的出现无疑是指南针发展史上的又一次技术飞跃，只要一看指向，便可识别或者确定方位。 然而，对比于司南和指南针专门用于指示方向，罗盘研制成功之初，由于人为地赋予了其测判人生祸福与行事吉凶的功能，于是它的指南特性被人们搁置一边，而它更多的作用是被阴阳法师、风水先生用来看阴阳、测风水、判宜忌、定行为。 于是，法师一盘在手，

指
南
针

罗盘用于航海，才真正让其成为当之无愧的"高新科技产品"。

判定天下苍生吉凶福祸。 古人也便将终生机缘、身家命运，系于一众法师和一枚罗盘。

但是，罗盘的本来功能，是它的指向功能。 随着时代进步、社会发展，人们逐渐意识到罗盘上显现的指向，不过是在磁场作用下的自然体现；而那些指向所蕴含的所谓吉凶福祸之意，不过是巫师神汉愚弄人的套路把戏、蛊惑之言。

于是，罗盘在人们的认知转变中，渐次回归本位，被广泛应用于天文、地理、军事、航海等的测量和指向。 特别是，当中国人在用罗盘看风水、测吉凶的时候，西方人却主要用它来航海、探路。 欧洲的冒险者、航海家借助罗盘（指南针）所指的方向，向着未知世界进发、开辟、扩张。

小针大功

小小磁针功劳大，导引郑和西洋下。

磁针发明在中国，过洋牵星也由它。

指南针

指南针发明后，当时的人无论如何也没有想到，一枚小小的磁针能发挥那么巨大的作用，以至于能改变生活、改变世界。

2007 年 12 月 22 日，被称为世界迄今为止发现的沉船中年代最早、船体最大、保存最完整的古代沉船——南海 1 号在中国南海打捞出水。经专家鉴定，这是一艘中国南宋的远洋贸易商船，距今已有八百多年的历史，当时可能因为超载再加上海面天气等情况发生了沉船。在对打捞上来的文物进行考古鉴定时，历史学家说，南宋时期比北宋时期的科技更为进步，南宋时期海上航行已经逐步依靠精密的指南针进行导航。

虽然没有实物为证，但专家的分析为所有人所信服。在中国，从远古的指南车，到东汉的司南，再到北宋的指南鱼、指南针，指南针应需而生并发展，切切实实给生活带来了便利。 而人们最常用的便是指南针的指向，特别是船运航海，更是将指南针视为至宝，因为有了它，再也不用担心在天无日月或在大海茫茫时找不到方向了。 那么，到了经济、科技、贸易更加发达的南宋，远洋船只配备指南针，一点也不足为奇。

北宋朱彧在其笔记《萍州可谈》里记载了指南针应用于航船的情况： 舟师识地理，夜则观星，昼则观日，阴晦观指南针。 这则笔记，同样可以作为推测南海1号去往那么远的地方必备指南针的证明。 没有指南针，哪只船敢在茫茫大海远航？ 而且，北宋的航船都配备使用了，虽然只是阴天黑夜不辨方向时才用，那么南宋的航船也一定是配备使用的了，而且一定比北宋用得更多。

郑和，明代航海家、外交家，他亲率船队七下西洋，开创了15世纪世界航海史上的空前壮举，并且对中国与海外国家的国际交往、文化交流、经济繁荣起到了非常积极和意义深远的作用。 明永乐三年（公元

7 小针大功

明代的郑和七下西洋，证明我国是当时大航海时代的霸主。

1405 年）7 月 11 日，郑和首下西洋。他亲率二百四十多条官船，两万多名船工及随从，浩浩荡荡向海外进发了。首发阵容之大，世所罕见。这次远航，郑和船队先后到达越南、爪哇、苏门答腊、满剌加、锡兰、古里等国家。在航行终点古里，郑和赐予古里国王诰命银印，并树石碑，刻文：去中国十万余里，民物咸若，熙嗥同风，刻石于兹，永示万世。

郑和七下西洋，到过三十多个国家，最远到达非洲东岸、红海沿岸。他的七次远洋，船队规模之大、航行里程之远、持续时间之长、影响意义之深，让明王朝和强大的明代海军一时间声名煊赫。英国著名学者李约瑟曾评说：明代海军在历史上可能比任何亚洲国家都出色，甚至同时代的任何欧洲国家，以致所有欧洲国家联合起来，可以说都无法与明代海军匹敌。

郑和敢于率队远航，并让明代的海军及商贸船队越练越出色，除了强大祖国的背后支撑，还有一件随船法宝——指南针。其时，指南针的发展已然臻于完善，从原来的粗略指向和测量，达到用指南针标明具体航线的程度。因而，郑和的船队每艘船都配备了精

7 小针大功

郑和的船队每艘船都配备了精确度极
高的罗盘，强国外交模式持续开启中。

确度极高的罗盘（指南针），全体使用标明航向的统一航线，保证了船队的行动一致。

更值得一提的是，郑和在七下西洋的过程中，十分在意对航线、导航器，以及天文、地理的研究，他将天体测位与罗盘（指南针）测向相结合应用于航海中，创造性地提出了"过洋牵星"技术。通过"过洋牵星"，郑和不仅知道自己的船队向哪里航行，而且知道自己处于海上的哪个位置。"过洋牵星"的发明，开创了天文导航的先河，大大提高了明代的航海技术和水平。

2005年，为纪念郑和七下西洋的伟大壮举，国务院将郑和首下西洋的 7 月 11 日，定为中国"航海日"。

7 小针大功

8

磁针时代

指南针，中国造，传向欧洲探寻天涯海角。

麦哲伦，迪亚斯，环球旅行登陆无人新岛。

北宋，科技发达，文化昌盛，经济繁荣。一幅清明上河图，彰显宋代人的惬意生活；"唐宋八大家"之欧阳修、苏洵、苏轼、苏辙、王安石、曾巩、"北宋五子"之周敦颐、邵雍、张载、程颢、程颐，使中国文化艺术登峰造极；火药、指南针、天文时钟、鼓风炉、水力纺织机等的发明和应用，革新了时代，改变了生活。英国历史学家汤因比在深入研究中国历史后说："如果让我选择，我愿意活在中国的宋朝。"

　　汤因比的心愿不只是他自己的，也是早在800多年前的阿拉伯人和欧洲人的心愿。

　　北宋时期，我国对世界的商贸航运已然成风，特别是在南海和印度洋上往来频繁。阿拉伯人也是很会做生意的民族，当中国航船开到阿拉伯，没有远航能力的阿拉伯人便乘中国船往来于阿拉伯与中国。阿拉

阿拉伯人不仅会做生意，还把从我国学到的指南针技术传至欧洲。

伯人来到中国，充分领略了中国的经济文化、风土人情，于是，向往中国，移植中国，成了来过中国的外国人的普遍心愿。

当阿拉伯人看到中国船只之所以能远航，靠的是一枚小小的磁针时，大为诧异。聪明的阿拉伯人很快学会了指南针的原理和制造方法，并且不久就将这个方法传到了欧洲。欧洲人将中国的水浮式指南针加以改进，用立柱支顶磁针重心，并将核心部件用玻璃罩起来，既防水又防风，让磁针在尽可能小的摩擦和阻力情况下自由转动。没有了水的阻力、风的影响，"顶针式"指南针更灵便、快速、准确，这便是欧洲人对中国指南针、罗盘的改进。改进后的罗盘（指南针）最适合航海使用，解决了欧洲人多少年向往远方，却又因不明方向不敢远行的难题。

由此，阿拉伯人和欧洲人也开始用指南针来航海了。而他们的航海，和中国仅用指南针作为商贸航海导航不同。欧洲人在指南针的导引下，将航船开往更远的人迹罕至的地方，探寻遥远的未知世界。

巴尔托洛梅乌·缪·迪亚斯，带着他的船员于1487

在指南针的加持下，欧洲人走得更远。

年从葡萄牙出发去非洲最南端探险。 数日后，风暴将他们推入大西洋，船员一度惊恐万分，担心他们要从地球边缘滚出地球去了。 然而，他们没能脱离地球。1488 年，迪亚斯绕过非洲南端的好望角，实现了航海梦想。

克里斯托弗·哥伦布，读过《马可·波罗游记》后，对中国、印度十分向往。 这个地圆说的信奉者、航海探险的狂热者，在西班牙女王伊莎贝拉的支持下，于 1492 年至 1504 年完成了四次远洋航海，发现了美洲新大陆。

瓦斯科·达·伽马，葡萄牙的一位航海家。 野心勃勃的葡萄牙国王听说哥伦布发现美洲新大陆的消息，焦心不已。 面对西班牙称霸海上的挑战，随即派遣达·伽马找寻印度。 1497 年，达·伽马受葡萄牙国王曼努埃尔一世派遣，循着迪亚斯当年走过的航路迂回驶向东方。 1498 年，绕过非洲的达·伽马到达印度，完成了任务。

费尔南多·德·麦哲伦，葡萄牙探险家、航海家。 他于 1519 年至 1522 年完成了人类首次环球航行，成就了他探险家、航海家的美名。

就这样，欧洲人凭借着小小的磁针勇闯天涯。在十五、十六世纪，各国为扩张疆域、争抢利益，纷纷开辟新航路、发现新大陆，可以说，功劳都离不开指南针。当然，殖民者、贪婪者并不仅是靠指南针去考察、探险，他们真正的目的是占有、掠夺，故而在新航路上，也一路充满血腥屠戮、谎言欺骗。

然而，不管怎样，指南针的发明，对科学技术发展和对人类文明进步，起到了无法比拟的巨大作用。也正是它的推动世界发展的作用，使它成为世界公认的中国古代四大发明之一。

进入现代，人们在生活中随时随处可见指南针。只不过，指南针不再是原来的老样子了，都烙上了现代的印痕。除了专用指南针设备外，手机、腕表、拉杆箱、笔记本电脑，都可以植入或者配置一款或大或小的指南针，让你辨方向、识方位。

9

北斗导航

指南针，指北针，秉性如磐见痴心，示人路延伸。

古北斗，今北斗，闪烁苍穹耀九州，中华有天佑。

"昼则观日，阴晦则观指南针。"指南针发明后，最大的功用是航海、军事、大地测量。当然，日常生活中的城市旅游、野外探险、地图阅读等，人们也仍然常靠它来指示方向。

然而，指南针毕竟是一个简单的地面导航仪器，它的指向受地磁场分布不均的影响较大。不仅如此，从日晷指南针可知，指南针因受地球运转、季节变换的影响会使指示方向不准确，可能导致如航海触礁损毁、偏航碰撞、搁浅沉船这样的事故发生。

时光进入现代，科技创新发展日益推动社会进步。指南针因外界环境所致的不准确性对于现代航海、军事、测量乃至其他需要准确定位的事务，就成为需要加以化解的矛盾。于是，将地面指南针转移到空中，克服地磁场的影响而精确指示方向，成为现代人们解决指南针这个老物件遇到的新问题的专攻方向。由此，卫星导航应运而生。

众所周知，人类最早的卫星导航系统是美国军方创建的全球定位系统（GPS）。GPS导航系统由28颗卫星构成，其辐射范围包括整个地球，以及近地物体的立体空间。其工作原理如下：用户通过地面导航器发出使用需求，装有专用无线电导航设备的导航卫星接收到用户指令，立即对用户和信息进行参数化分析，然后将结论以无线电信号返回到用户的导航器，用户根据位置方向前行。

可以说，导航卫星，就是现代的"指南针"，只是不用传统指南针的工作原理罢了。它不仅具有指南针的功能，更具有远远优于指南针的性能，不受白天黑夜影响，不受天气变化制约，无论地面环境如何，它均可以发出比指南针精度更高的导航信号。

现在，全球有四大卫星导航系统：美国的GPS系统、欧洲的伽利略（GALILEO）系统、俄罗斯的格洛纳斯（GLONASS）系统以及中国的北斗（COMPASS）导航系统。

指南针

"前方30米请右转"，GPS导航，当代的"指南针"。

指南针发明于中国，全球领先的导航系统中也有中国名号，这实在是值得中国人万分骄傲和自豪的事情。然而，北斗导航系统的创建，充满了中国人的血泪和艰辛。

1993 年 7 月 24 日，中国"银河号"货轮正常行驶在中东航线。这本是一次普通的商贸通行，然而让船员意想不到的是，总是以"防止化学武器扩散"为借口到处寻衅的美国早已经盯上了中国，而这艘船成为它向中国滋事的由头。

美国宣称"银河号"上有违禁化学品，而且是送往伊朗制造化学武器。美国先是派 5 架直升机和多艘军舰密切跟踪和监视"银河号"，继而提出登船搜查的无理要求。我国外交部门提出抗议和严正交涉，美国不予理会，并要求我国终止出口，否则对中国实施严厉制裁。

在中国乃至"银河号"船员表示不愿意后，美国竟然使出下三烂的招数，直接关闭了"银河号"的 GPS 导航系统。在当时，卫星导航只有 GPS，美国一家独大，世界各国定位导航都依赖 GPS。于是，要导

9
北斗导航

指南针

"银河号"商船事件，激发起了中国人
一定要研发属于自己的导航系统的雄心。

航，不仅要花大价钱租用，而且还要看美国的脸色和心情。被关闭导航系统的"银河号"一下子陷入茫然，再加上美国武装直升机与军舰追踪堵截，轮船只能随波逐流，在海上漂了一个月，无法安全航行。最后，无奈之下，中国被迫屈辱地接受了美国要求，允许登船检查。

当然，搜查的结果是徒劳无功。但是，这种故意的羞辱与折腾，让中国人在义愤填膺的同时，激发起了一定要研发属于自己的导航系统的雄心。

还有两件不得不提的，同样让中国人饱受屈辱和下定决心一定要研制自己的导航系统的事件：一件是1996年"台海危机"时，美国突然截断了我们的GPS信号，让中国以GPS制导的军舰失去航向，让中国以GPS制导的导弹像是丢了"指南针"，发射完全没了"准头"，大大偏离了预设方位；另一件是1999年美国用5枚精确制导的JDAM导弹轰炸了我国驻南斯拉夫大使馆，致使我国3名记者死亡、6人重伤以及20人轻伤。

经济制裁，军事制约，连民族命运都受制于人，

"北斗"卫星，是我们科技和军事的"指南针"。

这是多么让人悲愤的事情。特别是我国还是指南针的发明国，说起导航，我国是老祖宗。然而，在技不如人面前，我们的历史再骄傲也没用，唯有激起斗志，自主创新，创造出自己的卫星导航，方能自立自强，脱离窘境。

于是，从 1994 年开始，我国全面启动研制自己的导航试验卫星。2020 年 6 月 23 日，随着中国自己研制的北斗三号最后一颗卫星升空，中国全球卫星导航系统组网全部完成。从 1994 年到 2020 年，55 颗中国导航卫星闪耀太空，从无到有，从受制于人到自主可控，中国终于实现了用自己的卫星导航自己命运的伟大创举。

中国是指南针的故乡。北斗导航系统的成功研发，刷新了中国的指南针发展纪录和创新精神，再次成为中国潜力、中国能力、中国实力的象征。

结束语

文明混沌远古，

东南西北不究。

涿鹿鏖战神车秀，

轩辕大败蚩尤。

不需车到山前，

罗盘司南通幽。

悬针指向超北斗，

红锋导航九州。